双高职业院校建设

服装高职考效果图与款式图实例

◎ 总主编 钟建康

◎ 主　编 魏明琥

◎ 副主编 钱彩娣　董丽香　王祎欣

浙江工商大学出版社

ZHEJIANG GONGSHANG UNIVERSITY PRESS

·杭州·

图书在版编目（CIP）数据

服装高职考效果图与款式图实例 / 魏明琥主编. — 杭州：浙江工商大学出版社，2023.10
ISBN 978-7-5178-5756-3

Ⅰ.①服… Ⅱ.①魏… Ⅲ.①服装设计 – 中等专业学校 – 升学参考资料 Ⅳ.①TS941.2

中国国家版本馆CIP数据核字（2023）第190804号

服装高职考效果图与款式图实例
FUZHUANG GAOZHI KAO XIAOGUO TU YU KUANSHI TU SHILI
主编 魏明琥　副主编 钱彩娣　董丽香　王祎欣

策划编辑	厉　勇
责任编辑	刘　焕
责任校对	李远东
封面设计	C点冰橘子
责任印制	包建辉
出版发行	浙江工商大学出版社
	（杭州市教工路198号　邮政编码310012）
	（E-mail：zjgsupress@163.com）
	（网址：http：//www.zjgsupress.com）
	电话：0571-88904980，88831806（传真）
排　版	杭州彩地电脑图文有限公司
印　刷	杭州宏雅印刷有限公司
开　本	889 mm × 1194 mm　1/16
印　张	9.5
字　数	170千
版印次	2023年10月第1版　2023年10月第1次印刷
书　号	ISBN 978-7-5178-5756-3
定　价	58.00元

前言
QIANYAN

　　在服装设计过程中，设计师需要把设计思路用一种可视的方式记录或传达给下一个制作环节，这种方式就是服装绘画。服装绘画是表达设计思路的重要手段，是衡量服装设计师创作能力、设计水平和艺术修养的重要标志。掌握服装绘画技法是服装设计者必备的能力。目前，不管是在职业院校还是在综合性大学，服装效果图、款式图技法课程都是服装设计专业学生的必修课。

　　本书内容包括服装效果图绘图范例和款式图绘图范例两部分，兼顾艺术性和应试性，可以作为中等职业学校服装设计专业学生的教材，也可以作为职教高考服装设计类实践考试的辅导用书。

　　本书由绍兴市柯桥区职业教育中心党委书记钟建康担任总主编，绍兴市柯桥区职业教育中心教师魏明琥担任主编。

　　由于编者专业水平有限，书中难免会存在缺点和不足，恳请读者指正。最后，衷心感谢提供绘画作品的各位同学。

编者

2023 年 9 月

目录
MULU

第一部分

效果图绘图范例

任务一 经典风格服装

人物姿态优美，细节精致。采用同色系配色，大气和谐。用笔简练，绘画技巧娴熟流畅。

画面的明暗关系刻画细腻，色彩和造型结合得很好。

廓形线条准确、生动。色彩方面，采用了降低纯度的红、绿对比色，突出了女性气质。项链和 V 领巧妙搭配，
独具匠心。不足之处是款式图和效果图不一致。

用笔简练，绘画技巧娴熟流畅，细节刻画生动，质感描绘准确。黄（橙黄）、蓝对比色的运用让画面明朗有趣。

风衣是考试中的必考款式。该款风衣在传统款式基础上做了肩部镂空设计，设计感得到加强。粉红色的包和裤子相呼应，让风衣的整体感更强。

金属搭襻的使用和下摆、袖口处流苏的设计打破了服装的沉闷感，让设计变得有趣。不足之处是画面整体略显杂乱。

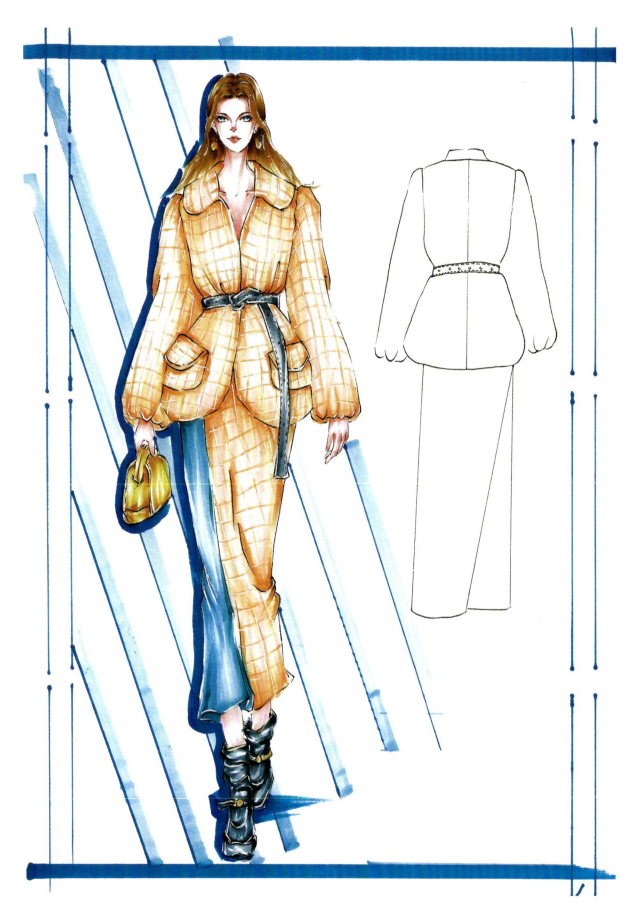

采用对比色搭配，醒目大气。不足之处是款式图太大（可适当缩小），款式图的线条也不够准确。

版面设计简洁明了，服装颜色丰富，笔触灵动。建议加深头发颜色，增强画面黑、白、灰对比度。

蓝色牛仔套装，廓形大气，分割线设计巧妙，流苏设计增加了趣味性和女人味。建议不要把背景画成和服装相同的颜色。

线条灵活自由，虚实变化得当，笔触洒脱，质感描绘准确。建议把鞋子画成白色或者黄灰色。

任务二 创意服装

款式设计大胆前卫，质感描绘准确，发型、首饰的选用和整体风格非常搭，绿色拼接打破了画面的沉闷感。

　　细节刻画生动精致，采用同色系配色，大气和谐。背景的设计是亮点，很有新意。缺点是人物面部表情略显僵硬。

夸张的肩部造型让整套服装时尚感十足，背景的黑色很好地衬托了主体装。缺点是款式图绘得不够标准。

夸张的设计和充满动漫感的造型让效果图张力十足。

背景设计在风格上和主体装保持高度一致，在色彩上完美衬托了主体装，底部横线的加入让画面更稳定。

造型轮廓清晰，设计大胆，结构丰富，珠片面料刻画得惟妙惟肖。

面料肌理感塑造到位，鱼鳞设计和水波纹造型完美匹配。巧妙选用了黑人模特来衬托服装，增强了画面效果。

绘画技巧娴熟流畅，造型前卫，色彩明朗和谐，细节准确，立体感强。

细节刻画生动，线条灵活。笔触果断帅气，质感描绘准确。荧光绿和蓝色的邻近色搭配非常出彩，科技感
十足。

用粘贴亮片的方式来塑造短裤的质感，画面效果新颖独特。

主体装的颜色和背景色分别采用降低纯度的蓝色、绿色，这两种颜色互为邻近色，互相衬托，相得益彰，让画面和谐又不失活泼。不足之处是脖子部位画得太长。

细节刻画生动，线条灵活，各种褶皱的处理和质感的描绘是该作品的亮点，值得学习。

任务三 国风、民族风服装

　　虽然高考的时候出现古典服装绘画题目的概率较小，但是准备一些古典服装的素材还是有必要的。该作品构图饱满，色彩和谐，画面氛围感强。

红、绿配色是非常经典的中国风配色，但是需要降低其中一种颜色的纯度才能达到视觉效果的和谐。

依然是经典的红、绿配色，这里的红色和绿色在色彩面积上一大一小，让红色和绿色搭配得更和谐。

该款服装很好地体现了中西合璧、古为今用的理念。搭片裙和绑带靴的设计具有现代感。缺点是款式图和效果图不匹配。

中国传统立领搭配透明面料的喇叭袖，让该款服装女人味十足。

传统旗袍和机车夹克混搭，搭配同色墨镜，中西合璧，别有一番韵味。

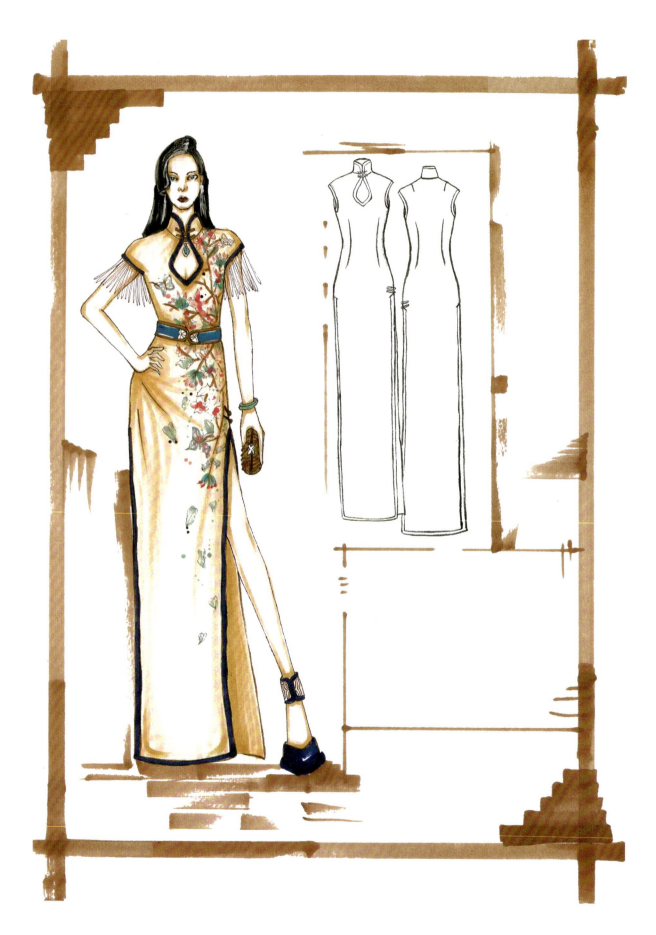

肩部流苏和腰带的设计很出彩。画面色调略显沉闷，建议把背景的明度降低。

该作品细节精致，刻画生动。以蓝色为主调，搭配红色，这种配色方法非常值得借鉴。

款式新颖，色调雅致，发簪的使用增加了设计张力。中式服装的韵和西式服装的体完美融合。缺点是人物画得不够好。

这是一幅颇具动漫风格的中国风服装效果图，发饰、绑腿及扇子的使用增加了画面的趣味性和设计感。

面料纹样使用了中国传统的花卉图案，采用降低纯度的红色和绿色搭配，不但不显得俗气，反而显得很雅致。背景运用了少量黑色线条，帅气之余也增加了画面的稳定感。缺点是人物皮肤画得太苍白。

任务四 休闲、运动风格服装

画面右上角略显空，可以加一些细节图（如面料小样图）来平衡画面。

运动服配色通常比较单一，但是这款运动服配色丰富，细节和纹样花而不乱，是一款很有设计感的运动服。缺点是人物肤色饱和度过高。

松垮的外套和超短的内搭形成对比，张弛有度，时尚感强烈。

不羁的造型和低饱和度的配色，营造了轻松洒脱的氛围。缺点是款式图与效果图不匹配。

笔触果断利落,线条方中带圆,细节刻画到位,光感强烈。缺点是画面左重右轻,款式图绘得不够准确。

采用邻近色配色，朴素却不失时尚感。

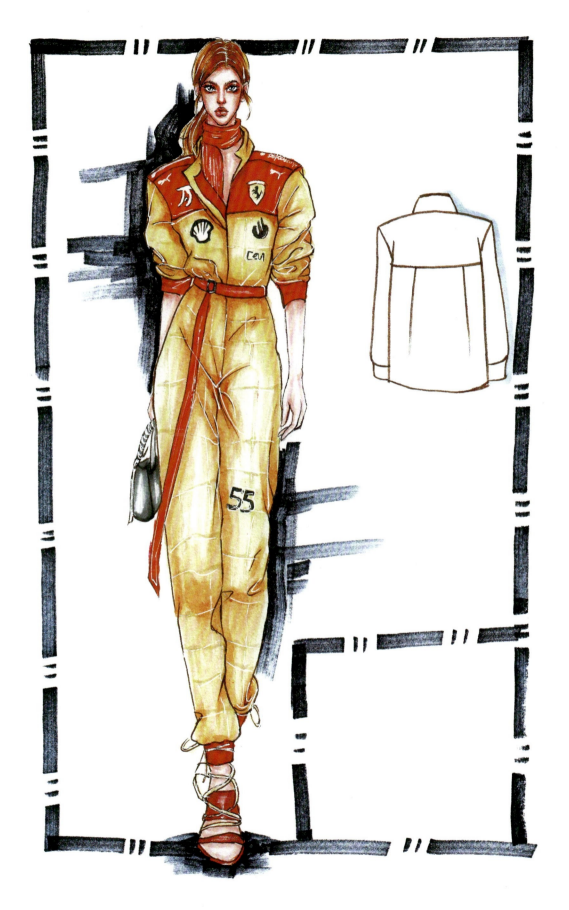

　　用菱格面料做连体衣，配以腰带和各种 Logo 的设计，运动感十足。缺点是头发和衣服顺色了，款式图与效果图不匹配。建议增加头发明度。

灰色系的服装是很难画的，该款服装画得较好，值得借鉴。

　　落肩的拼色卫衣，搭配格子半裙，配上一个大号黑色软皮包，画面轻松，黑、白、灰关系明确，细节刻画准确、生动。

白色衬衣暗部用紫灰色和半透明浅黄色进行处理，色彩统一又丰富。袜子留白产生的线条很出彩。

纹样的刻画、细节的描绘、立体感的塑造和背景的设计都值得学习。

任务五 各式套装

　　西装的挺括和拼接衬衫的飘逸在质感上形成强烈对比，蓝色条纹衬衫和丝绒面料西装相互衬托，相得益彰。

灰色面料和条纹面料都是比较难画的。该效果图中灰色面料描绘得较为准确，将条纹面料的纹理结合褶皱的走势绘制，比较真实。由于整套服装的色彩饱和度很低，建议把发色改成浅黄色。

画面的完整度很高，服装结构层次丰富，色彩和谐。背景画得很具体，氛围感很强。

背景色和服装颜色都是暖色调，造成视觉感受"过火"。建议把背景色改成蓝紫色，以平衡冷暖，丰富色彩层次。

该休闲套装采用渐变色，颜色统一大气，端庄中带有一些休闲放松的味道。

彩色格子上衣绘制得很出彩，对比色格子的运用让人耳目一新。格子的线条走势结合了服装褶皱起伏来画，使整套衣服看起来很舒服、自然。缺点是画面左重右轻，建议把模特向右适当移动一些。

造型轮廓清晰，笔触简洁果断，色彩明朗，黄、黑的色彩搭配醒目活泼。

蓝灰调的色彩搭配自然雅致，皮带和靴子的绘制增加了时尚感。建议把发色改成棕黄色。

非常简洁的一款职业套装，明暗刻画略显呆板，背景内容不够丰富。

一幅非常有大师风范的学生习作。笔触大胆、准确,线条自由,形体刻画到位,酒红色和深灰色的搭配是一种很高级的色彩搭配方式。

高级灰色彩搭配是最考验学生功底的，这幅作品各方面都刻画得很到位，值得学习。

这是一种很有个性的套装搭配。亮粉色和格子衬衫穿插搭配，设计感十足。

任务六 皮草、皮革服装

服装质感的描绘、色彩的搭配、立体感的塑造，以及款式图和背景的设计都很好，值得学习。

蓝、黄对比色搭配十分出彩，服装质感描绘近乎完美，鞋尖的颜色渐变非常生动，非常值得学习。

亚光皮革夹克软中带硬，微弱的光泽恰到好处，质感描绘非常到位，蓝色和黄色的出现打破了画面的沉闷感。

　　皮草在服装效果图里主要分两种：一种是长毛皮草，另一种是短毛皮草。本作品中的围巾就属于长毛皮草，绘制长毛皮草时要画柔和的弧线。本作品的缺点是人物右侧胳膊画得太长。

画面氛围感较强，染色皮草体积感和层次感描绘得较好。缺点是款式图与效果图不一致。

　　效果图采用同种颜色配色,体积感、质感、光泽感都描绘得不错。不足之处是颜色过于单一,建议把鞋子、围巾、腰带换成邻近色或者对比色。

细节精致，羽绒服的体积感和皮草的质感描绘到位。黄色和蓝色形成色彩对比，强烈而又醒目。

任务七 绒服、棉服

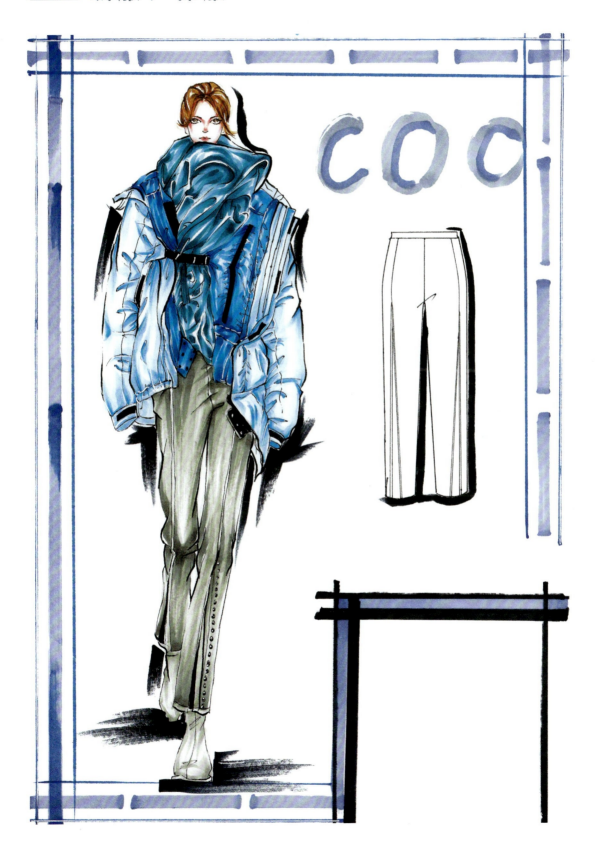

绘制羽绒服效果图时主要刻画的是服装的质感和体积感，该作品在这方面做得较好，褶皱刻画生动，色彩层次细腻，颜色和谐大气。缺点是人头太小，比例不协调，款式图与效果图不一致。

这是一款中规中矩的传统羽绒服，羽绒褶皱描绘得清晰而具体。

羽绒服的立体感很强，黄、蓝对比色的运用让服装充满活力。黑色的穿插运用增加了对比色的融合程度，让画面更稳定。

不管是对羽绒服褶皱的描绘还是对蓝色格纹面料的绘制都很出彩。建议适当缩小款式图。

笔触灵动，明暗关系明确，以不同明度和纯度的蓝和紫为主调，辅以对比色黄色来点缀，非常出彩。

任务八 丝质服装

该作品线条灵动，色彩和明暗结合得较好，把面料的细滑和薄透表现出来了。如果线条能再轻盈一些会更佳。

　　褶皱刻画得生动传神，丝质面料飘逸、垂顺的质感表现得淋漓尽致。不足之处是画面色调太暖，建议背景色用偏冷的高级灰。

轮廓造型上松下紧，很有设计感，也利于勾勒女性曲线。缺点是款式图与效果图不一致，色调太暖。建议在暗部加一些高透明度的紫灰色以平衡色彩冷暖，并将手提包颜色改为黑色或者深灰色，以和发色呼应。

采用立体裁剪设计，衣片穿插描绘得很好。色彩稳重，褶皱描绘得详细而不杂乱，立体感强。手提包的材质刻画得近乎完美。

采用绿色和黄色这对邻近色配色，画面和谐。缺点是线条略显僵硬，不够生动。

flower

服装面料布满底纹，底纹的处理是一个难点。

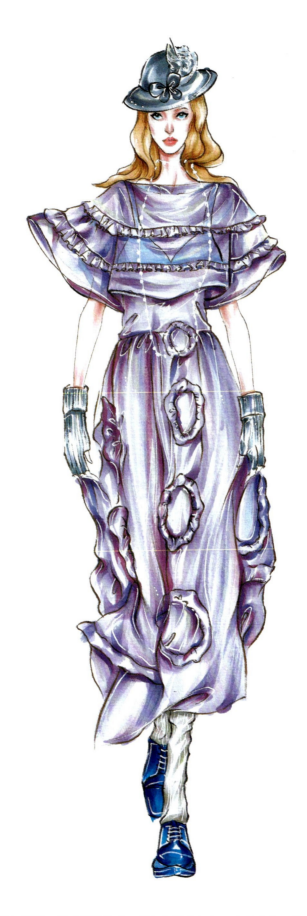

细节刻画生动，线条灵活，质感描绘准确。紫灰色调中加入了少量黄色，能让采用同种色搭配的服装看起来不单调。

笔触精准洒脱，造型张弛有度，色彩运用如油画一般，是一幅近乎完美的习作。[1]

[1] 该作品为学生课堂临摹作品。

高级灰的运用把握得很好，蓝色发饰和衣身形成色彩对比，避免画面色彩过分单一。

任务九 蕾丝、薄纱服装

　　造型准确，黑、白、灰明暗关系处理得较好，但是忽略了蕾丝面料具有一定透明度的特点，建议绘图时隐约露出一点人体，表现出服装的透明感。

该作品很好地体现了蕾丝的透明质感，缺点是袖子处的褶皱处理得过于生硬，款式图与效果图不一致。

彩色蕾丝长裙画得惟妙惟肖，值得学习的是该作品采用了透明度很高的冷灰作为蕾丝底色，色彩冷暖处理得很好。

这是一幅经典的黑色蕾丝临摹作品，画面和谐。美中不足的是蕾丝的透明感不够。

服装面料刻画得较为真实，设计元素运用巧妙，时尚感强。

画面排版完整，氛围感强。建议适当缩小款式图，将模特向右适当移动一些。

任务十 针织服装

该作品的版面设计和效果图的绘制近乎完美。缺点是款式图与效果图不一致。

针织衫描绘得较具体，画面干净，但是显得过于单一和拘谨了。

针织衫的蓝色和背带裙的黄色形成强烈的色彩对比，视觉效果醒目、热情、活跃。建议适当降低黄色背带裙的光感效果。

该作品色调沉稳，线条灵活果断，造型准确，面料质地的刻画精致到位，是一幅非常棒的习作。

画面明暗、虚实安排得当，面料质感描绘准确，笔触果断帅气，黑白格子针织衫的描绘很出彩，值得学习。

　　这是一款偏卡通风格的休闲服装，画面中背景和前景的风格与色彩非常匹配。建议将毛衣的肌理感适当加强一些。

针织肌理描绘得较为详细，缺点是画面黑、白、灰色调的区分度不够，建议把背景改成深灰色或者黑色，整体效果会更好。

这是一款棉和化纤混纺的条纹针织面料连衣裙。该作品的亮点是版式设计与背景、前景的搭配非常和谐，缺点是画面描绘得不够生动。

任务十一 礼服

该作品能表现出缎面的质感，画面中黑、白、灰关系明确。建议把鞋子改成与上衣同色，从而做到色彩呼应；建议换一下发色，和服装的黄色区别开来。

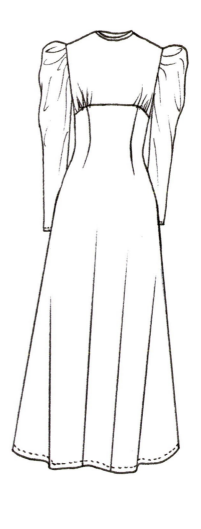

蓝色装饰和主体装形成颜色对比，让画面冷暖平衡。缺点是版式设计略显单调。建议适当缩小款式图，将模特向右移动一些。

用色高级，面料质感刻画得细腻生动。背景处理很有创意，符合中国风礼服的意境。唇色可以再红一些，以和衣服的绿色形成对比。此外，款式图绘得不够准确。

该作品[1]的背景设计独具匠心，画面构成感和设计感强，版面完整度非常高。

[1] 说明：编者将三幅服装款式相同但是背景和绘图手法不同的作品放在一起接排，让读者直观感受呈现效果的区别。本作品为第一幅作品。

该作品[1]的背景能很好地衬托主体装，但是略显凌乱，可再整合一下。

[1] 本作品为第二幅作品。

该作品[1]和前面两幅作品相比，色调略显单一，裙子的立体感和量感也可进一步加强。

---

[1] 本作品为第三幅作品。

细节刻画生动精致，线条灵动，丝绸的垂感和褶皱的描绘非常出彩，背景色很好地衬托了前景。

细节刻画生动精致，线条灵动，丝绸的垂感和褶皱的描绘非常出彩，背景色很好地衬托了前景。

　　该作品[1]的背景和服装纹样高度契合，做到了背景呼应主体装。在绘制的花朵上粘贴亮片，是新材料的尝试。缺点是头发丝缕感不够明确。

[1] 说明：编者将五幅主体服装相同但是背景不同的作品放在一起接排，让读者直观感受呈现效果的区别。本作品为第一幅作品。

　　该作品[1]的背景采用低饱和度的绿色和白色配色，和服装主体颜色有对比又有统一，显得优雅而知性，氛围感满满。

[1]本作品为第二幅作品。

　　该作品[1]的背景采用了海报风格，运用了高饱和度的颜色，具有较强的视觉冲击力。绘制镜面款式图，很有创意，值得借鉴；缺点是镜中人物与镜前人物发型不一致。

[1] 本作品为第三幅作品。

　　该作品[1]的背景采用高级灰色调，很好地衬托了主体装。背景中的线条和服装纹样的线条完美契合，面罩的设计增加了服装的观赏性。

[1] 本作品为第四幅作品。

该作品 [1] 绘画手法细腻，画面明暗、虚实安排得当，背景氛围感强。

[1] 本作品为第五幅作品。

款式图绘图范例

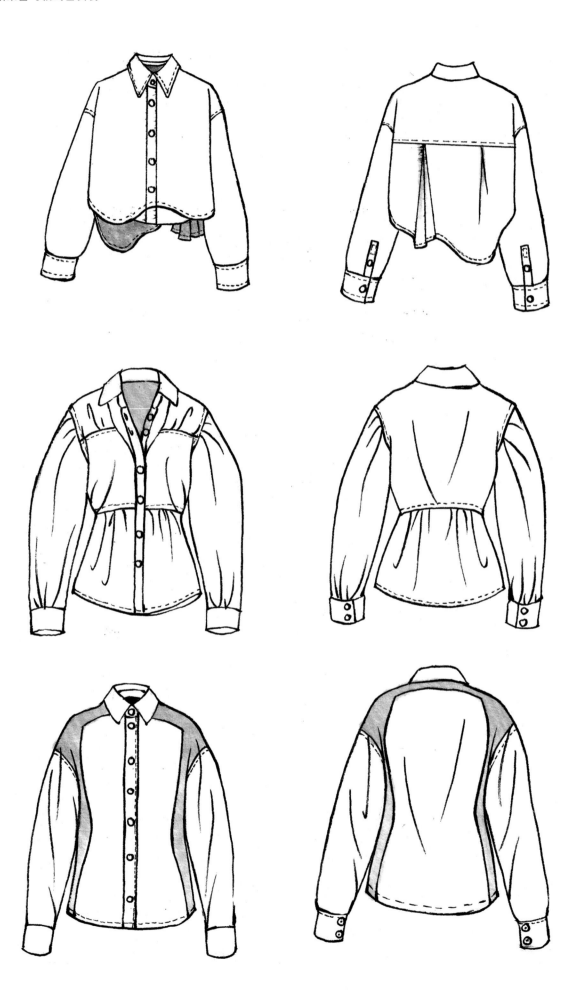

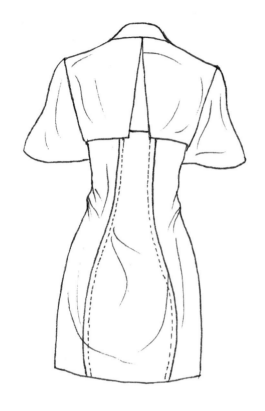

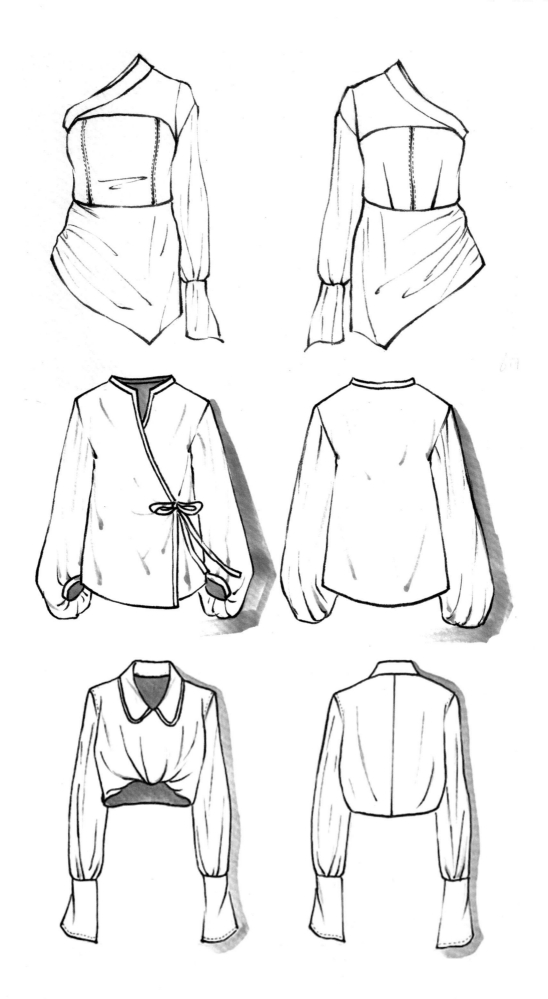

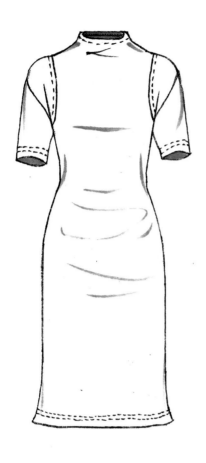

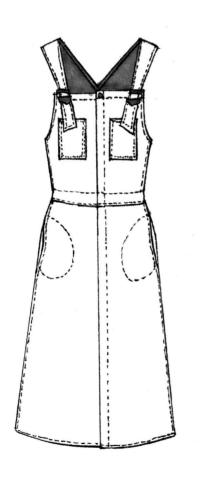

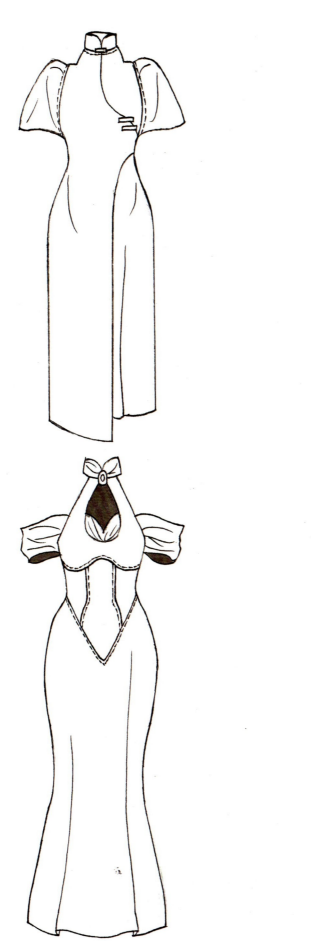
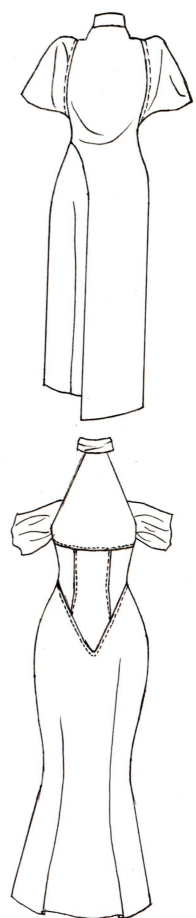

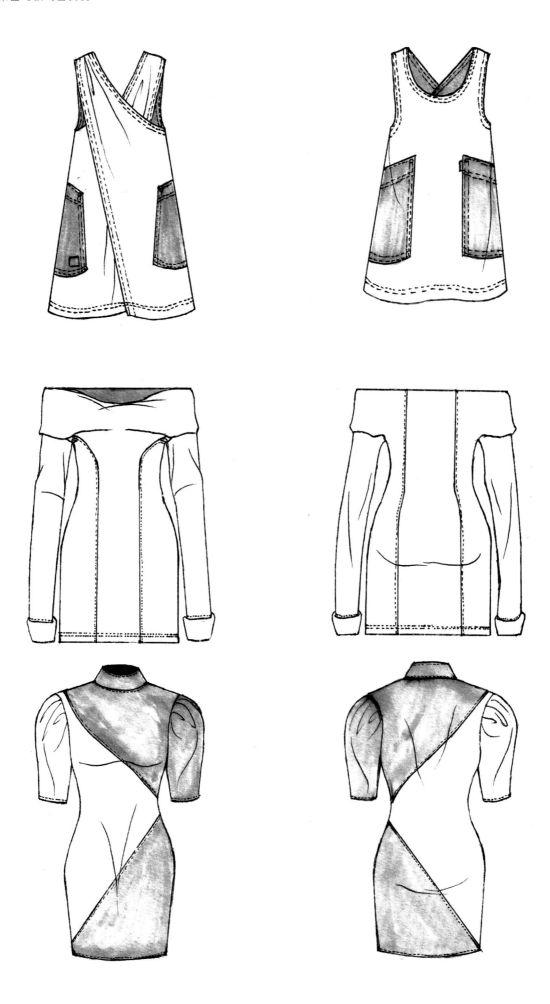

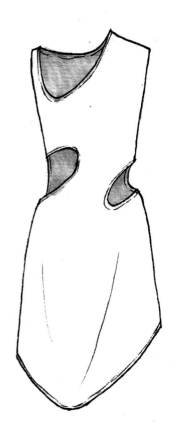
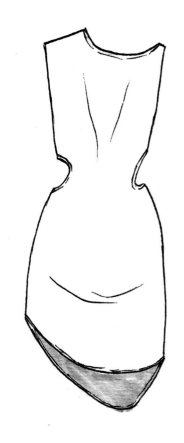
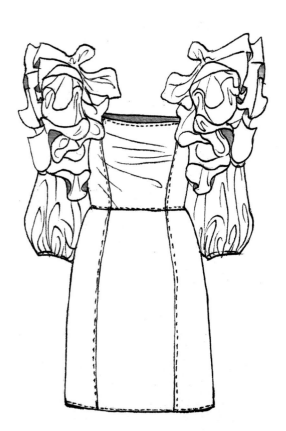

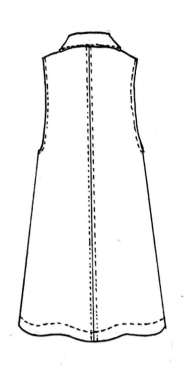
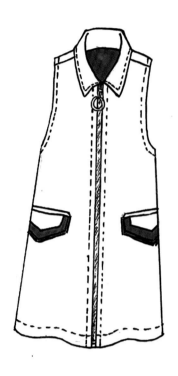
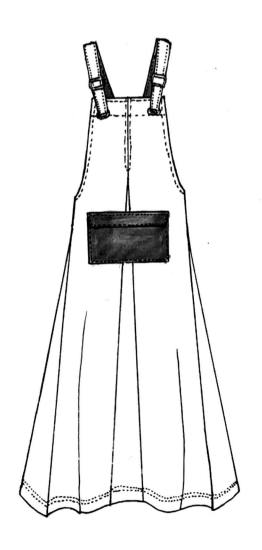
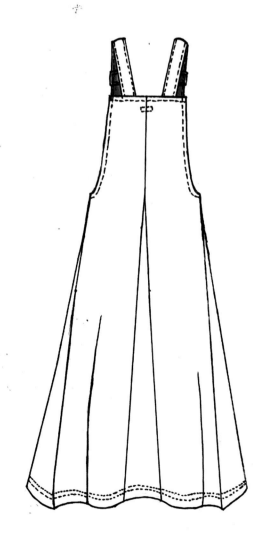

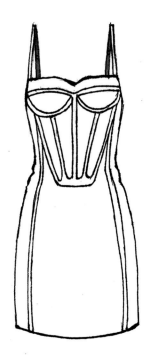
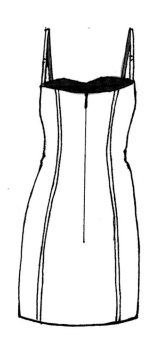

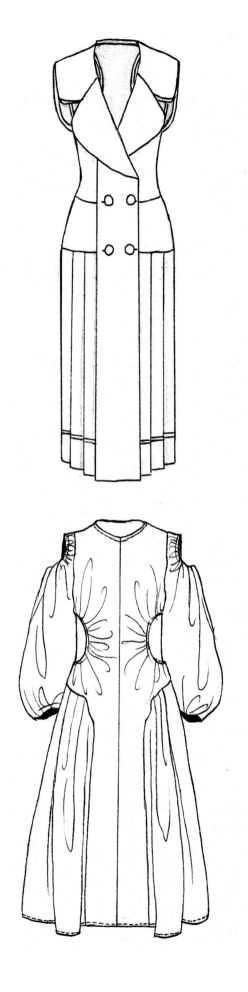
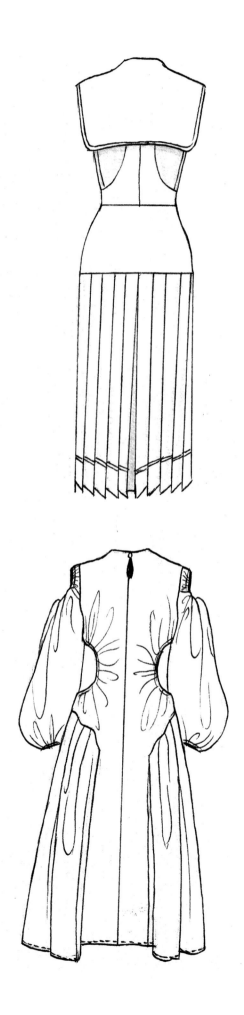

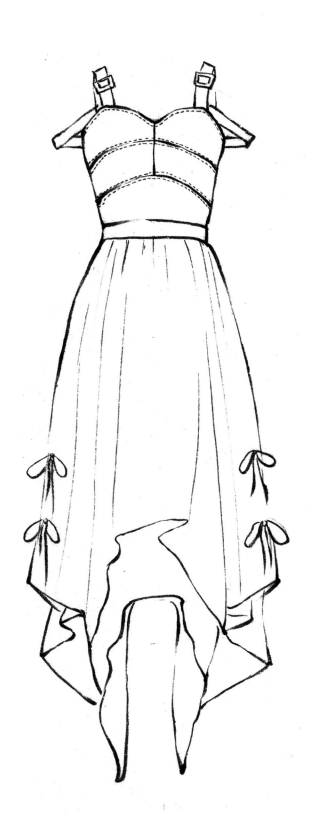

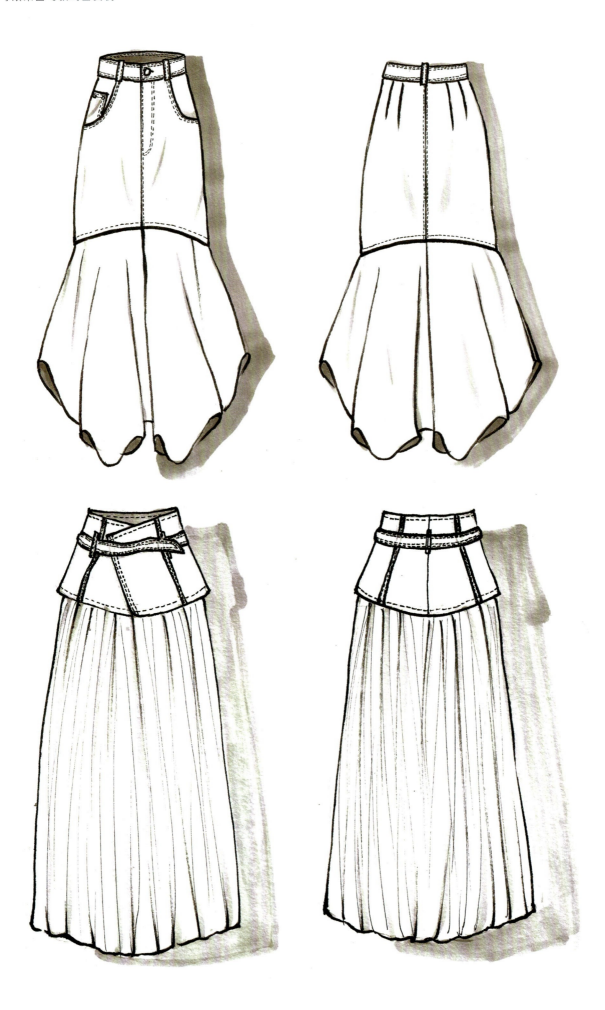

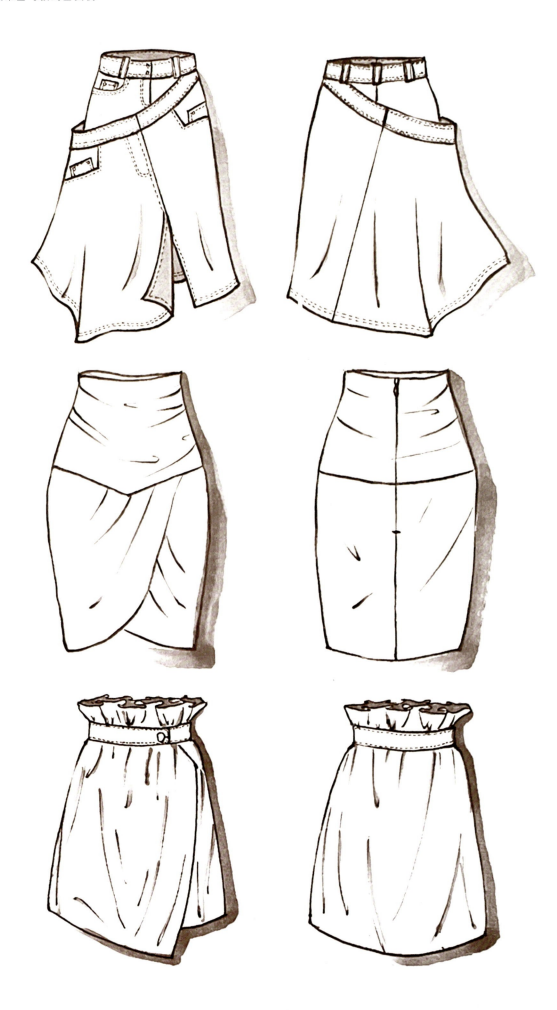

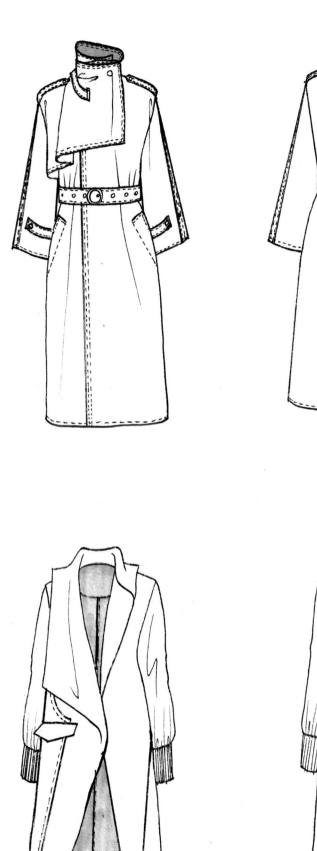
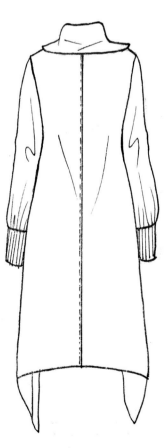

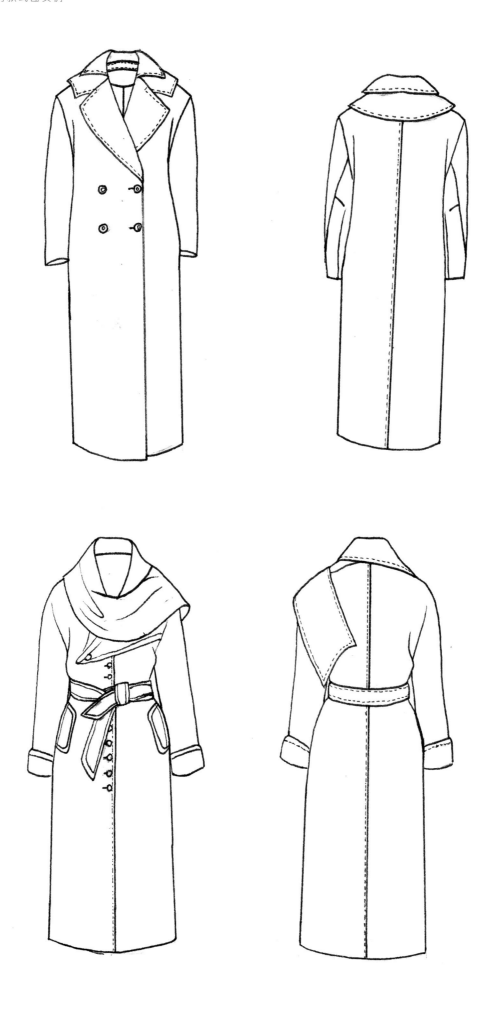

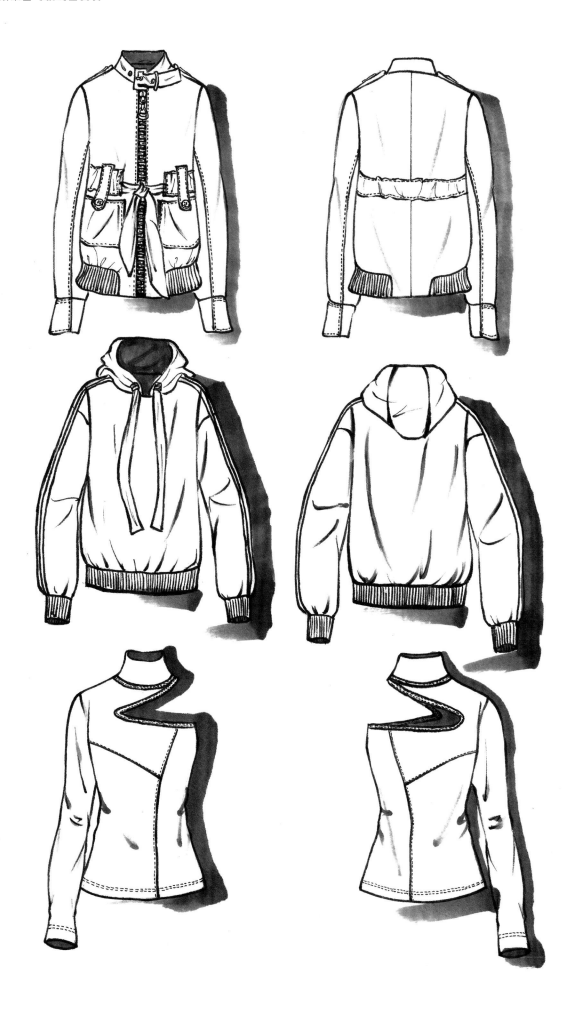

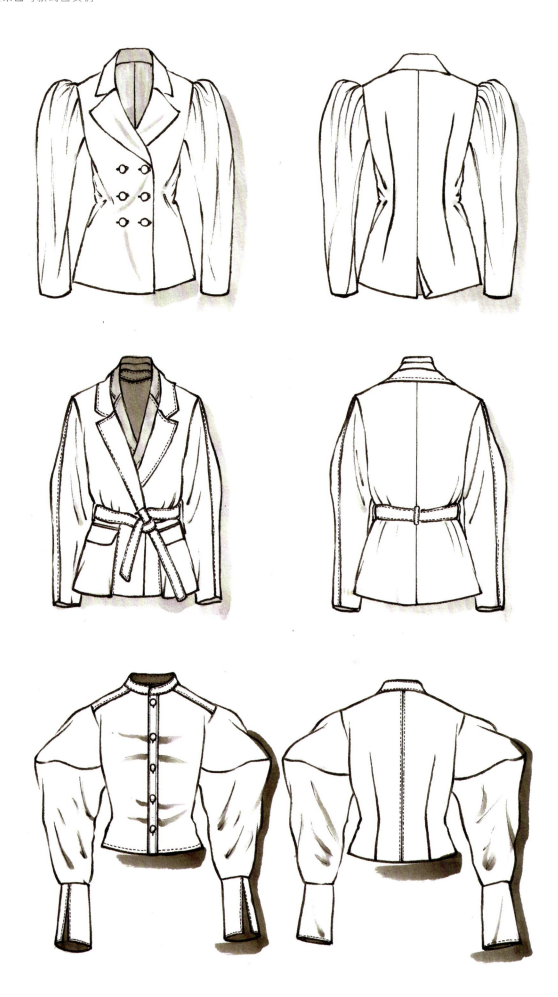

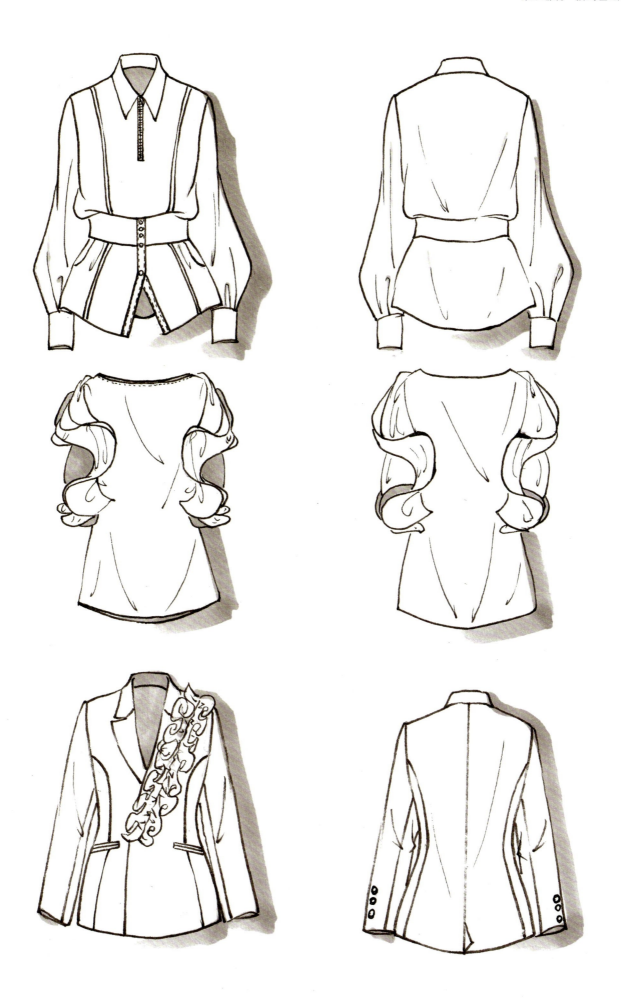